Angelina Schulz

Chemie im Kontext - ein innovatives Konzept für den Chemieunterricht?

GRIN Verlag

Bibliografische Information der Deutschen Nationalbibliothek:

Die Deutsche Bibliothek verzeichnet diese Publikation in der Deutschen National-bibliografie; detaillierte bibliografische Daten sind im Internet über http://dnb.d-nb.de/ abrufbar.

Impressum:

Copyright © 2010 GRIN Verlag GmbH
Druck und Bindung: Books on Demand GmbH, Norderstedt Germany
ISBN: 978-3-640-82197-6

Dieses Buch bei GRIN:

http://www.grin.com/de/e-book/165919/chemie-im-kontext-ein-innovatives-konzept-fuer-den-chemieunterricht

GRIN - Your knowledge has value

Der GRIN Verlag publiziert seit 1998 wissenschaftliche Arbeiten von Studenten, Hochschullehrern und anderen Akademikern als eBook und gedrucktes Buch. Die Verlagswebsite www.grin.com ist die ideale Plattform zur Veröffentlichung von Hausarbeiten, Abschlussarbeiten, wissenschaftlichen Aufsätzen, Dissertationen und Fachbüchern.

Besuchen Sie uns im Internet:

http://www.grin.com/

http://www.facebook.com/grincom

http://www.twitter.com/grin_com

Gliederung

1. Einleitung

„Als wesentliche Grundlage technischer, ökologischer und wirtschaftlicher Entwicklungen eröffnet die Chemie Wege für die Gestaltung unserer Lebenswelt und somit zur Verbesserung unserer Lebensqualität. Chemische Erkenntnisse und Methoden sind infolgedessen integraler Bestandteil einer fundierten naturwissenschaftlichen Grundbildung, die als Hilfe zur Bewältigung der eigenen selbst gestalteten Lebenssituation und zur Bewältigung der globalen Probleme der Menschheit verstanden wird."[1]

Nach den „Einheitlichen Prüfungsanforderungen in der Abiturprüfung Chemie" steht im Vordergrund eines modernen Chemieunterrichts heute der Erwerb von anwendbarem Wissen. Wissen, dass sich auch außerhalb des Klassenraums für Schüler bei ihrer späteren Berufsorientierung und zur Bewältigung ihres Alltags nutzen lässt. Die Konzeption von *Chemie im Kontext* zeigt, wie der Erwerb eines anschlussfähigen und strukturierten chemischen Wissens gelingen kann. Sie verbindet damit die Forderungen nach einem kontextbasierten und stärker schülerorientierten Lernen mit der Sicherung eines strukturierten Basiswissens. Lehrende und Lernende haben die Freiheit der Auswahl und der Strukturierung. Gleichzeitig können durch das Unterrichten von Chemie in Kontexten sowohl aktuelle Bildungsziele als auch die Ansprüche der neuen „Einheitlichen Prüfungsanforderungen in der Abiturprüfung Chemie" umgesetzt werden.

In dieser Arbeit soll die Konzeption von *Chemie im Kontext* erklärt werden. Dabei soll ganz besonders auf die Grundprinzipien, Ziele und Leitlinien eingegangen werden. Neben dem theoretischen Aufbau des Unterrichtes soll die Gestaltung und die Methodik von Chemie im Kontext auch einem Beispiel konkretisiert werden. Hier werden zwei Unterrichtseinheiten vorgestellt; zum einen ein ausführlicher Unterrichtsentwurf zum Thema „Verbrennungen", zum anderen eine Kurzdarstellung eines Lernzyklus` zum Thema „Treibstoffe in der Entwicklung." In der abschließenden kritischen Betrachtung dieser Konzeption wird vor allem der Frage nachgegangen, ob *Chemie im Kontext* ein innovatives Konzept für den Chemieunterricht darstellt. Unterschiedliche Meinungen von Autoren und Lehrern werden in diesem Abschnitt gegenüber gestellt.

---

[1] Einheitliche Prüfungsanforderungen in der Abiturprüfung Chemie (EPA Chemie) i. d. F. 05.02.2004, Präambel (Auszug)

2. Neue Ansätze im naturwissenschaftlichen Unterricht -

Lerntheoretischer Hintergrund – situiertes Lernen im Chemieunterricht

Auslöser und Vorbild für die Entwicklung der Konzeption waren die positiven Erfahrungen eines kontextorientierten Chemieunterrichtes im anglo – amerikanischen Raum. *Chemie im Kontext* basiert darüber hinaus auf grundlegenden Theorien des „Situated Learning".[2] Diese Situierung des Lernens bezieht sich auf eine soziale Einbettung von Wissen.

Die Kernaussage aller Ansätze zum „Situated Learning" ist die, dass Wissen immer situativ erworben wird und an eine konkrete Lernsituation gebunden ist. Je näher eine Lernsituation einer späteren Anwendungssituation ist, um so leichter kann ein Transfer von Wissen geleistet werden. Die Anwendbarkeit von Wissen in der Lebenswelt der Schüler wird demnach deutlich erleichtert durch eine stärkere Integration von alltagsrelevanten Themen.[3]

Nach konstruktivistischen Lerntheorien kann Wissen nicht von einer Person auf eine andere übertragen werden. Wissen wird vielmehr von jeder Person neu konstruiert. Dieser Vorgang baut auf bereits vorhandenem Wissen auf. Daher ist es notwendig, stärker als bisher, die Vorerfahrungen der Schüler zu berücksichtigen und mit in den Unterricht einzubeziehen. Je näher die im Unterricht behandelten Themen an gesellschaftlich bedeutsame Fragestellungen anschließen, desto eher wird eine soziale Situierung des Wissens ermöglicht.[4]

Das naturwissenschaftliche Verständnis junger Leute zu schulen, sie mit den Anforderungen einer modernen Gesellschaft vertraut zu machen, bedarf heute neuer Wege in der Gestaltung von naturwissenschaftlichem Unterricht. Interessenlage und Erfahrungshorizont sowie individuell unterschiedliche Bedürfnisse und Vorlieben, Begabungen und Lerngeschwindigkeiten der Schüler sollten dabei berücksichtigt werden. Dazu ist eine neue Art von „Lernkultur" notwendig, die sich von der bloßen Wissensvermittlung hin zu neuen Konzepten des Lernens entwickelt, die das Erkennen von Zusammenhängen fördert und das eigenständige Erweitern des Horizonts zu einem positiven und bereichernden Erlebnis macht.

---

[2] Parchmann, Ina: Chemie im Kontext – Begründung und Realisierung eines Lernens in sinnstiftenden Kontexten. Praxis der Naturwissenschaften – Chemie in der Schule 1/50, S. 2 (2001)
[3] Vgl. Ebd. S. 2
[4] Vgl. Ebd. S. 3

3. Das Konzept

In den letzten Jahren ist zu beobachten, dass in der Schule die Darstellung der Naturwissenschaften als Einzeldisziplinen Physik, Biologie und Chemie mehr und mehr zugunsten von „integriertem naturwissenschaftlichem Unterricht" oder Fächern wie „Naturphänomene" oder „Natur und Technik" in den Hintergrund tritt.[5] Den Schülerinnen und Schülern sollen durch lebensweltlich orientierte Beispiele naturwissenschaftliche Betrachtungsweisen nähergebracht werden und sie sollen so nicht nur besser für den Erwerb naturwissenschaftlichen Grundwissens motivierbar sein, sondern durch vielfältige horizontale Verknüpfungen auch leichter lernen und besseres Transferwissen entwickeln.

Die Konzeption „Chemie im Kontext" argumentiert entlang dieses Leitgedankens und versucht eine Neuformulierung des Chemieunterrichtes in Kontexten, worunter „...die (komplexen, fachübergreifend angelegten) aktuellen, lebenswelt-bezogenen Fragestellungen innerhalb derer die sinnstiftenden Beiträge dieser Wissenschaftsdisziplin einsichtig werden und sich Sachstrukturen erschließen lassen"[6] zu verstehen sind.

3.1. Grundprinzipien

Kontextorientierung: Für die Schülerinnen und Schüler stellen Kontexte, d. h. persönlich oder gesellschaftlich relevante Themen den zentralen Anreiz und Bezugspunkt für die Erarbeitung chemischer Fachinhalte dar. Durch den Bezug der einzelnen Kontexte zur ihrer Lebenswelt erfahren sie, dass es für sie und ihren Alltag eine Bedeutung hat, sich mit Chemie zu beschäftigen. Kontexte sind zum Beispiel „Mit dem Wasserstoffauto in die Zukunft", „Säuren in der Speisekammer" oder „Energy Drinks".

o **Vernetzung zu Basiskonzepten**: Gerade in einem kontextbezogenen Unterricht ist es wichtig, den Lernenden ein Ordnungsschema für den systematischen und kumulativen Aufbau von Wissen und Verständnis zu bieten. Ausgehend von den mittels der

---

[5] Maulbretsch, C.: Chemie im Kontext – eine kritische Betrachtung – Teil . Praxis der Naturwissenschaften – Chemie in der Schule 6/51, S. 27 (2002)
[6] Parchmann, Ina: Chemie im Kontext – eine Konzeption zum Aufbau und zur Aktivierung fachsystematischer Strukturen in lebensweltlichen Kontexten. MNU 53, 132 ff. (2000)

Kontexte erarbeiteten Fachinhalten werden daher wenige zentrale Basiskonzepte, die chemischem Wissen zugrunde liegen (zum Beispiel das Donator-Akzeptor-Konzept oder das Stoff-Teilchen-Konzept), entwickelt. Sie bilden die fachliche Basis, von der aus wiederum weitere Kontexte erschlossen werden können.

o **Methodenvielfalt**: Der Unterricht nach *Chemie im Kontext* charakterisiert sich durch eine möglichst große Methodenvielfalt. Selbstgesteuertes Lernen erhält in verschiedenen Phasen eine stärkere Bedeutung. So verändern sich auch die traditionellen Lehrer-Schüler-Rollen.

3.1.1. Was sind Kontexte?

Unter „Kontexten" versteht man einen übergeordneten, sinngebenden Zusammenhang, dessen Inhalte von Bedeutung für die Lernenden sein sollen und die Notwendigkeit zur Erarbeitung chemischer Kenntnisse für die Schülerinnen und Schüler offenkundig machen sollen.[7]

Kontexte müssen...

.... möglichst authentische und damit oftmals komplexe Fragestellungen beinhalten.

... für die Lernenden eine Relevanz aufweisen.

... ermöglichen, dass Schülervorstellungen Eingang finden und dass an diese angeknüpft werden kann, um neue fachliche Konzepte zu erarbeiten.

... Fragen aufwerfen, von denen einige nur mit Hilfe chemischer Kenntnisse zu klären sind.

... in der Schule durch möglichst große Eigenaktivität der Lernenden behandelt werden können.[8]

---

[7] Wagner – Staakke, B.: Chemie Im Kontext. Grundlagen der Konzeption. http://www.martin-buber-oberschule.de/faecher/chemie/Chemie%20im%20Kontext%20MBO%20Homepage.ppt (01.02.07), S 8
[8] Ebd. S. 12

3.1.2. Basiskonzepte nach Chemie im Kontext

Wenn man sich die Inhalte des chemischen Fachwissens, das in der Sekundarstufe I und II erlernt werden soll, genauer betrachtet, so fällt auf, dass diese auf eine eng begrenzte Anzahl an Prinzipien oder Konzepte zurückgeführt werden können. Diese werden Basiskonzepte genannt.

Den Basiskonzepten liegt also chemisches Wissen zugrunde und sie bilden die fachliche Basis, von der aus wiederum weitere Kontexte erschlossen werden können. Ein Basiskonzept umfasst die verschiedenen Ebenen chemischen Wissens und gewährleistet eine horizontale und vertikale Vernetzung:

❖ Basiskonzepte sind grundlegende chemische Konzepte, die zur Erklärung chemischer Prozesse notwendig sind.

❖ Basiskonzepte bilden somit die Grundlage für ein Verständnis der Wissenschaft Chemie.

❖ Theorien und Modelle der Wissenschaft lassen sich in diese Basiskonzepte einordnen und prägen sie in unterschiedlicher Weise aus.[9]

Im Rahmen von Chemie im Kontext wird von folgenden Basiskonzepten ausgegangen:

- Stoff – Teilchen – Konzept
- Struktur – Eigenschafts – Konzept
- Donator – Akzeptor – Konzept
- Energie – (Entropie) – Konzept
- Konzept des chemischen Gleichgewichts
- Konzept der Reaktionsgeschwindigkeit

Der Unterricht nach *Chemie im Kontext* folgt einem dreistufigen Lernmodell. Jedes Basiskonzept wird in drei voneinander separierte Ebenen gegliedert:

1. Alltagswissen (ausgehend vom Kontext): Schülerrelevante Kontexte werden zum Unterrichtsinhalt, sie knüpfen an Alltagswissen an und zeigen Sinn und Bedeutung chemischer Kenntnisse in der Gesellschaft auf.

---

[9] Parchmann, Ina: Chemie im Kontext – Begründung und Realisierung eines Lernens in sinnstiftenden Kontexten, S. 4

2. Chemisches Fachwissen: Aus diesen Kontexten heraus ergeben sich Fragestellungen, deren Klärung für ein wirkliches Kontextverständnis notwendig ist, aber nur mit Hilfe chemischer Kenntnisse gelingen kann.

3. Basiskonzepte als vernetzende, kontextunabhängige Prinzipien: Diese aus den Kontexten heraus erarbeiteten Wissensbausteine werden zu einem strukturgebenden, typisierenden und damit kontextunabhängigen Grundwissen über sog. Basiskonzepte der Chemie vernetzt. Letztere stellen das kontextunabhängige Wissensfundament dar, das als "Basis" für anschlussfähiges Lernen dienen soll.[10]

Außerdem werden für alle Basiskonzepte drei Qualitätsniveaus definiert:

1. Niveau: Kenntnisse für die Sekundarstufe I
2. Niveau: Kenntnisse für die Grundkurse der Sekundarstufe II
3. Niveau: Kenntnisse für die Leistungskurse der Sekundarstufe II[11]

3.2. Ziele und Leitlinien

Die Konzeption von *Chemie im Kontext* verfolgt zwei gleichberechtigte Ziele: Zum einen sollen gesellschaftlich relevante, sinngebende Kontexte, die einen unmittelbaren Zugang zur Erarbeitung chemischer Kenntnisse liefern, gefunden und ausgearbeitet werden. Zum anderen müssen diese Kontext- und Fachinhalte so miteinander vernetzt werden, dass es gelingen kann, ein kontextunabhängiges und systematisches Basiswissen zu entwickeln. Als dritte Prämisse wird ferner die Stärkung der eigenständigen Arbeit der Schülerinnen und Schüler verfolgt.

Neben der Entwicklung geeigneter Materialien wird die Arbeit vor allem von der Frage geleitet, wie sich ein Verständnis der chemischen Konzepte entwickelt und ob tatsächlich aus einer Vielzahl unterschiedlicher Kontexte der Aufbau eines systematischen und anschlussfähigen Basiswissens gelingen kann, wie es das Lernmodell nach *Chemie im Kontext* vorsieht.

---

[10] Vgl. Parchmann, Ina: Chemie im Kontext – Begründung und Realisierung eines Lernens in sinnstiftenden Kontexten, S. 4
[11] Ebd. S. 5

3.3. Unterrichtsaufbau: Gestaltung und Methodik

Den Schülerinnen und Schülern sollen unterschiedliche Wege des Zugangs zu einem bestimmten Inhalt eröffnet werden. Daher soll der Unterricht nach *Chemie im Kontext* durch vielfältige, kreative und schülerorientierte Unterrichtsmethoden und –formen gekennzeichnet sein. Das Lernen in Eigentätigkeit und Selbstverantwortung hat in dieser Konzeption einen hohen Stellenwert. Dies erfordert eine besondere Art der Unterrichtsgestaltung und auch ein verändertes Lehrer-Schüler Rollenverständnis.

Die Unterrichtseinheiten nach *Chemie im Kontext* realisieren vier aufeinander aufbauende Phasen in der Unterrichtsgestaltung. Nach der **Begegnungsphase**, in der sich die Schülerinnen und Schüler mit dem neuen Kontext vertraut machen, findet eine **Neugier- und Planungsphase** statt, in der sie sich in unterschiedlicher Weise an der weiteren Planung und Strukturierung aktiv beteiligen. Die **Erarbeitungsphase** ist gekennzeichnet durch eine möglichst große Eigenaktivität der Lernenden, die die Lehrkraft unterstützt und moderiert. Hier kommen wiederum unterschiedliche Methoden zum Einsatz. In der letzten **Phase der Vernetzung** werden die chemischen Fachinhalte aus dem ursprünglichen Kontext herausgelöst, zu Basiskonzepten vernetzt und in neuen Kontexten angewendet.

Phase der Begegnung

In der Begegnungsphase werden die Schüler mit dem Thema vertraut gemacht. Hierbei werden sie mit einer Problemstellung oder einem inhaltlichen Zusammenhang konfrontiert. Vorkenntnisse und eigene persönliche Erfahrungen sollen in dieser Phase von den Schülern genutzt und in den Unterricht eingebracht werden.[12]

Filmausschnitte, Filmcollagen, Zeitungsausschnitte, Werbeanzeigen, Mindmaps oder Experimente können hier als Einstieg in die Thematik gewählt werden.

Phase der Neugier und Planung

Im weiteren Verlauf des Unterrichtes sollen Fragen entwickelt werden, die eine schrittweise Klärung des aufgeworfenen Problems zulassen. Diese Phase ist somit eine wichtige Verknüpfung zwischen der Begegnungsphase und der nachfolgenden Phase, da über die Vorerfahrungen der Schüler auf die in der Erarbeitungsphase anzugehenden

---

[12] Vgl. Parchmann, Ina: Chemie im Kontext – Begründung und Realisierung eines Lernens in sinnstiftenden Kontexten, S. 6

Aufgabenstellungen hingearbeitet wird. Weiterhin lernen die Schüler hier relevante Fragestellungen aus einem komplexen Themengebiet heraus zu filtern und Untersuchungen zu planen.[13]

Phase der Erarbeitung und Präsentation

In dieser Phase sollen die Schüler die aufgeworfenen Fragestellungen und Probleme möglichst selbstständig erarbeiten und bearbeiten. Dafür ist es wichtig, dass die Lehrerin oder der Lehrer eine entsprechende Lernumgebung und -situation bereitstellt.[14] Methodenvielfalt und ein sinnvolles Zusammenspiel aus konstruktivistischen, eigenständigen und instruktionsorientierten Vorgehensweisen versprechen sicher den größten Erfolg.[15]

Phase der Abstraktion und Vernetzung

Ziel in dieser Phase der Unterrichtsgestaltung ist es, ein kontextunabhängiges und anwendbares Wissensfundament zu entwickeln. Daher ist es zum einen wichtig, dass die zentralen chemischen Inhalte nicht an einem Stück, sondern entlang exemplarischer Kontexte erarbeitet werden und zum anderen ist es Herauslösen allgemein gültiger Zusammenhänge aus den Kontexten notwendig.[16]

Auch eine Vernetzung zu anderen Kontexten kann hergestellt werden, zum Beispiel durch Brückenaufgaben, die erworbene Kenntnisse aufgreifen und bei denen bereits Erlerntes angewendet werden kann.

Alles in allem stellt diese Art der Unterrichtsgestaltung veränderte Ansprüche an Lehrende und Lernende. Die Schüler müssen in der Lage sein zentrale Fragestellungen aus einem komplexen Gebiet herauszuarbeiten, eigenständig Untersuchungen zu planen und durchzuführen, in Gruppen kooperativ zusammenzuarbeiten und ihre Ergebnisse zu präsentieren. Die Lehrkraft ist gefordert Lernumgebungen zur Verfügung zu stellen, die sowohl ein eigenständiges Arbeiten als auch ein kooperatives Arbeiten in Gruppen ermöglichen. Der Lehrer muss moderierend und unterstützend tätig sein und dennoch die

---

[13] Vgl. Ebd. S. 6
[14] Vgl. Ebd. S. 6
[15] Pätzold, G.; Lang, M.: Lernkulturen im Wandel – Didaktische Konzeote für eine wissensbasierte Organisation. Bielfeld 1999
[16] Parchmann, Ina: Chemie im Kontext – Begründung und Realisierung eines Lernens in sinnstiftenden Kontexten, S. 7

Ergebnisse beurteilen und sichern. Diesen vielfältigen Anforderungen müssen sich sowohl Schüler als auch Lehrer stellen.

4. Chemie im Kontext – eine kritische Betrachtung

Es gibt keinen ernsthaften Zweifel daran, dass naturwissenschaftlicher Unterricht ein unverzichtbarer Bestandteil des Bildungsangebots in unserer technisierten Welt sein muss. Andererseits zeigen vielfältige Studien, dass der Erfolg dieses Unterrichts nicht befriedigend ist: das Interesse an den naturwissenschaftlichen Fächern nimmt ab, die Einstellungen zu Chemie und Physik sind häufig negativ gefärbt, das erlernte Wissen ist lückenhaft und kaum auf außerschulische Fragestellungen anwendbar.[17] Der Chemieunterricht macht darin keine Ausnahme. Es scheint ihm oft nicht zu gelingen, überzeugende Bezüge zur Erfahrungswelt der Lernenden herzustellen und die zu erarbeitenden Inhalte mit persönlicher oder gesellschaftlicher Relevanz auszustatten.

Die Konzeption *Chemie im Kontext* will dieses Defizit überwinden, indem für die Schülerinnen und Schüler relevante Themen nicht mehr an eine vorrangig fachsystematische Erarbeitung angehängt werden, sondern selbst zum eigentlichen Inhalt von Unterricht werden und zur Erarbeitung grundlegender chemischer Kenntnisse dienen. Chemie wird also in bedeutsamen Kontexten entwickelt und damit gleichzeitig angewendet.

Zu dieser Konzeption von Chemie im Kontext gibt es nun unterschiedliche Auffassungen. Auf der einen Seite wird sich durchgehend positiv dazu geäußert, auf der andren jedoch wird diese Konzeption auch kritisiert. Diese unterschiedlichen Meinungen sollen nun vorgestellt werden.

Nach INA PARCHMANN lassen sich durch eine andere Anlage des Unterrichts vorhandene Defizite im Chemieunterricht beheben oder zumindest reduzieren. „Ausgehend von den positiven Erfahrungen, die in Großbritannien [...] erzielt wurden, [...] ist eine Unterrichtseinheit entwickelt und eingeführt worden, in dem der Chemieunterricht von sinnstiftenden Kontexten ausgeht."[18] Diese Konzeption, nach der Chemie in Kontexten unterrichtet werden soll, gilt es, so Ina Parchmann, weiter zu fördern.

Chemie im Kontext hat zum Ziel, eine Verbindung von fachlichen Ansprüchen und Erkenntnissen über das Lehren und Lernen konsequent umzusetzen. Der Erwerb fächerübergreifender Kompetenzen wird stärker gefördert als im herkömmlichen Unterricht. Um den systematischen Aufbau von Fachwissen zu gewährleisten, erhalten Basiskonzepte eine zentrale Bedeutung als strukturierende Elemente. Diese Kontextorientierung stellt zwar

---

[17] Christen, H.R.: Chemieunterricht: gestern, heute, morgen. Chemkon 7/2, S. 64 ff (2000)
[18] Parchmann, Ina: Chemie im Kontext – Begründung und Realisierung eines Lernens in sinnstiftenden Kontexten, S. 2

hohe Ansprüche, da sich die Lernenden die Phänomene des Alltags oft selbst erschleißen müssen. Diese intensive Auseinandersetzung mit den Alltagsphänomene jedoch fördert und fordert die Schüler und ihre Lehrkraft deutlich stärker heraus als die Arbeit mit den didaktisch aufbereiteten Inhalten der Schulbücher. Dieser Herausforderung muss sich ein moderner Chemieunterricht stellen: Nur vernetztes Wissen bleibt nachhaltig gesichert und anwendbar.

CHRISTOPH MAULBETSCH diskutiert in seinem Aufsatz „Chemie im Kontext – eine kritische Betrachtung – Teil I" die Arbeiten zum Kontext „Die Bedeutung der Ozeane im Kohlenstoffkreislauf" von A. Parchmann, von dem aus das Basiskonzept Chemisches Gleichgewicht erschlossen werden soll. Maulbetsch ist der Meinung, dass „die Darstellung der Chemie in Kontexten eine Bedeutungsverschiebung von Unterrichtsschwerpunkten und eine übermäßige Vereinfachung von Fragstellungen zur Folge hat."[19] Fachwissenschaftliche Begründungszusammenhänge treten, so Maulbretsch, in den Hintergrund. Er behauptet, dass „die hinlänglich bekannten inhärenten Schwierigkeiten des Unterrichtes insbesondere der Sekundarstufe I nicht durch Anknüpfung an Alltagsvorstellungen gelöst werden können."[20] Erst mit dem Erwerb und Verständnis des methodischen Spektrums der Chemie, sowie der zugrundeliegenden Konzepte sei es sinnvoll Alltagsphänomene zu untersuchen.

Viele Kritiker dieser Konzeption behaupten, dass die Fachinhalte bei Chemie im Kontext zu unstrukturiert und oberflächlich vermittelt werden. Es bestehe die Gefahr, dass durch eine einseitige Betonung der lebensweltlichen Zugänge das systematische Lernen sowie die anspruchsvollen, abstrakteren Fragestellungen aus dem Blick geraten.

Befürworter von Chemie im Kontext sehen in dieser Aussage jedoch ein verbreitetes Vorurteil über lebensweltlich orientierten Unterricht. Die Gefahr der Oberflächlichkeit wird dadurch beschränkt, dass Basiskonzepte eine zentrale Bedeutung als strukturierende Elemente besitzen und somit der Aufbau von Fachwissen gewährleistet werden kann. Kontextinhalte werden außerdem im Verlauf der Unterrichtseinheit dekontextualisiert, d.h. Kontexte werden einem kontextunabhängigen, fachsystematischen Gerüst zugeordnet.

---

[19] Maulbretsch, C.: Chemie im Kontext – eine kritische Betrachtung – Teil , S. 27
[20] Ebd. S. 27

5. Fazit

Mit Chemie im Kontext soll versucht werden, dem Chemieunterricht in Deutschland neue Impulse, aber auch neue Schwerpunkte zu verleihen. Kontexte sind in dieser neuen Unterrichtskonzeption die (komplexen, fachübergreifend angelegten) aktuellen, lebensweltbezogenen Fragestellungen, innerhalb derer die sinnstiftenden Beiträge dieser Wissenschaftsdisziplin einsichtig werden und sich Sachstrukturen erschließen lassen. Ziel soll es dabei sein, die Sinnhaftigkeit der Beschäftigung mit der Wissenschaftsdisziplin einsichtig zu machen und gleichzeitig aus ihr heraus die Entfaltung einer Handlungskompetenz anzubahnen. Ein weiterer zentraler Gesichtspunkt kommt hinzu: Kontextorientierte Inhalte bedingen in der Regel eine besondere Methodik. Effektives Lernen heißt Geschichten einzubeziehen sowie einen bedeutungsstiftenden Kontext zu thematisieren. Chemie im Kontext geht davon aus, dass die schwierige Aufgabe des strukturierten Aufbaus von disziplinärem Wissen erreicht werden muss, um Anschlussfähigkeit zu gewährleisten.

In Chemie im Kontext werden die fachwissenschaftlichen Inhalte auf wenige zentrale Konzepte zurückgeführt, die wir als Basiskonzepte bezeichnen. Die Auswahl der Kontexte erfolgt nach folgenden Leitlinien: Der Kontext muss über Authentizität fachübergreifende Strukturen aufzeigen.

Die fachlichen Inhalte des Kontextes müssen eine fachsystematische Vertiefung auf der Grundlage der Basiskonzepte ermöglichen. Der Kontext muss mit schulischen Mitteln unterrichtlich thematisierbar und umsetzbar sein.

Chemie im Kontext möchte das eigenständige und selbstgesteuerte Lernen der Schüler fördern, damit zentrale Kompetenzen im Sinne einer naturwissenschaftlichen Grundbildung, aber auch im Sinne einer späteren Studierfähigkeit entwickelt werden können:

Wie strukturiere ich ein komplexes Problem?

Welche Fragen können mit Hilfe der Wissenschaft Chemie untersucht werden?

Wie präsentiere ich die Ergebnisse?

Durch diese Schwerpunktsetzung auf die Eigenständigkeit der Lernenden, die dadurch ihre eher passive Rolle ablegen müssen, fällt der Lehrkraft eine verstärkt moderierende Rolle zu. Die Lehrperson übernimmt vielmehr die Funktion eines Lernbegleiters.

Dennoch sollte auch darauf geachtet werden, dass Chemie im Kontext traditionelle Phasen im Unterrichtsverlauf nicht ausschließt. Die Gefahr der einseitigen Betonung auf diesen lebensweltlichen Zugängen (Kontexten) sollte minimiert werden. Hier ist besonders darauf zu achten, dass neben diesem sehr schülernahen und interessanten Kontexten, das Fachwissen der Schüler nicht auf der Strecke bleibt. Den Schülern muss ein Unterricht geboten werden, der sowohl gekennzeichnet ist durch Anschaulichkeit, Methodenvielfalt und Kreativität, aber eben auch durch einen systematischen Aufbau und Vermittlung von fachlichem Wissen.

Immer wieder sollte beim Unterrichten nach dieser Konzeption überprüft werden, inwieweit die Schüler ihre fachlichen Konzepte zur Erklärung von alltagsrelevanten Fragestellungen heranziehen können und welche Vorstellungen sie tatsächlich von einem bestimmten Prozess haben.